U0004759

花、蝴蝶與昆蟲經典繪本

瑪麗亞・西碧拉・梅里安
Maria Sibylla Merian

晨星出版

線上讀者回函

國家圖書館出版品預行編目（CIP）資料｜花、蝴蝶與昆蟲經典繪本／瑪麗亞・西碧拉・梅里安（Maria Sibylla Merian）作．-- 初版．-- 臺中市：晨星出版有限公司, 2023.01｜96 面；19×26 公分．-- Guide Book；273｜ISBN 978-626-320-348-8（平裝）｜1.CST：昆蟲 2.CST：植物 3.CST：繪本 4.CST：蘇利南｜385.588｜111020280

Guide Book　273　花、蝴蝶與昆蟲經典繪本｜作者：瑪麗亞・西碧拉・梅里安（Maria Sibylla Merian）｜編輯：余順琪、陳晏翎｜封面設計：高鍾琪｜美術編輯：陳佩幸｜發行所：晨星出版有限公司｜行政院新聞局版台業字第 2500 號｜初版：2023.01.01｜讀者專線：02-23672044／04-23595819#212｜讀者信箱：service@morningstar.com.tw｜印刷：上好印刷股份有限公司｜定價 360 元

※ 本書原無目次與圖片標題，兩者皆是為了讀者方便查閱而添加。中文標題為圖中主要生物的現在名稱，英文標題則為學名。編輯過程已盡力比對網路上可供查詢辨識的資料，但其中仍難免有誤，或僅能確認屬名和科名，若讀者有任何建議和指教敬請不吝告知，作為改版時的修正參考。

目次

▲ 63 歲左右的梅里安

以繪畫探索荒野的女科學家
——梅里安

　　發行於1992的德國500馬克紙幣，是收藏者眼中的珍品。正面，是一位氣質雍容的女性，與一隻線條簡明卻栩栩如生的黃蜂；背面，則是恣意生長的蒲公英，以及爬在上頭的毛毛蟲。紫紅色油墨中，充滿生命力的花草與昆蟲，正是出自旁邊這位女士的手筆——瑪麗亞·西碧拉·梅里安（Maria Sibylla Merian，1647-1717），一個將美學與科學完美結合的女子。

　　今日我們說起梅里安，會說她是昆蟲學家、植物學家、探險家、插畫家、藝術家，然而回到她所身處的17、18世紀之交，歐洲對於世界的認知正處於從中世紀神學到現代科學的過渡階段，連上述這些詞語的本身都尚未有精確的定義。彼時，新舊教之爭方到尾聲、啟蒙運動才要展開、牛頓萬有引力剛改變世人的認知、女人要求平等會被視為異端、大家普遍以為昆蟲是從泥土裡長出來的……，在這一切仍蒙昧的時代裡，她展開了自己對自然的探索。

從家中的後院，發現一花一天堂

　　梅里安出生於1647年神聖羅馬帝國的法蘭克福自由市（Freie Stadt Frankfurt），是個以宗教寬容而聞名的萊茵河畔之地，物質與精神生活都很富饒。她的父親馬特烏斯·梅里安（Matthäus Merian der Ältere），是瑞士巴爾塞（Basel）著名梅里安家族的成員，也是一位成功的銅版畫家和出版商。4歲時父親過世，以靜物與花卉作品知名的畫家雅各·馬瑞爾（Jacob Marrel）與梅里安的母親結婚，成為她的繼父。成長於富裕的新教家庭的梅里安，自年幼便受到家學的薰陶與培養，擁有銅版畫與油畫等創作技巧。

　　雖然自幼便在自家花園中進行植物和昆蟲研究，然而她真正嶄露頭角是在成家生子之後。梅里安在18歲時和繼父的學生約翰·安德烈亞斯·格拉夫（Johann Andreas Graff）結婚，住在紐倫堡（Nuremberg），婚後育有二女。1675年至1680年間，在夫婿的協助之下，她初試啼聲發行共3卷的《花卉之書》（Blumenbuch），結果大為暢銷。書中，那些透過實際觀察與寫生所繪製的花朵形貌，不僅線條自然寫實，而呈現許多細節。花瓣色彩的變化層次、葉片上的紋路與光澤，連翩翩流連的蝴蝶也入畫，獨創而細緻的畫工受到讚賞，被藝術家和刺繡者視為範本。後來，這些畫經過再挑選，重印為《新花之書》（Neues Blumenbuch）。

　　梅里安的胸中固然懷著一個更生動、更野性甚至危險的大千世界，但她追求事業的起手式畢竟是溫和的。園藝、畫花與刺繡，在人們的心目中，就是適合中產階級婦女們，家務閒暇之餘用來陶冶性情之事，當然會受到各方好評。然而，她對於知識與創作的野心並不僅止於此，在市場反響的鼓勵下，她鼓足勇氣邁開更大的步伐，將自己自幼鍾情的昆蟲世界，透過畫筆呈現在讀者眼前。

從毛毛蟲變態的觀察，發現自然奧秘

對於亞洲華人來說，製絲綢是古老的行業，蠶結成蛹而後變態成蛾，更是久遠的知識。但在歐洲，這要遲至17世紀，弗朗切斯科·雷迪（Francesco Redi）和馬爾切洛·馬爾皮吉（Marcello Malpighi）發表他們有關蛾變態的理論時，才被視為知識的新里程。

然而，根據後來發現的梅里安素描本推測，她很可能早男性科學家們10年，就已經發現蠶變態為蛾的真相了。這本素描本，記錄了許多植物和昆蟲的極小細節，顯示了梅里安在13歲時，就已經在對昆蟲進行系統性的研究了。當時，在歐洲大學和科學界所廣泛認可的說法，還是來自於西元前的哲人亞里斯多德（Aristotle），認為蟲子是自泥土裡長出來的。這個小女孩透過自己的雙眼去觀察，竟然發現了這個被誤會很久的自然祕密：蠶是從極小的幼蟲出現的，而且蟲首先化成蛹，然後變態成為蛾——這真是了不起的成就。

1678年，梅里安出版了世人熟知的《毛蟲之書》（Caterpillars, Their Wondrous Transformation and Peculiar Nourishment from Flowers），並於1683年出版第2卷，於書中詳細描繪了飛蛾和蝴蝶的變態與生命歷程。梅里安對於毛毛蟲的描繪，並不是個別的、零散的，而是相當具有整體性與系統性，呈現了自然界的循環與變化。一幅畫裡，她會將每一種毛蟲從幼蟲、成蟲到完全變態的歷程呈現出來，還包括牠們攝取營養的寄主植物，有時甚至會畫出花開到結果的各種不同階段。梅里安非常重視細節，連在毛毛蟲葉片上齧出的痕跡也鉅細靡遺。此外，她還會為每種毛毛蟲都附上一段簡短的描述，那不是生澀死板的學術語言，而是更直觀的生活化語句，使人充滿閱讀的樂趣。

一個女人的生命蛻變：離婚、修行與遷居

1685年，梅里安開始了屬於自己生命的變態過程。此前，她仍扮演著世俗價值中一個盡責的好母親、好妻子，陪伴丈夫過著富裕的中產階級生活，養育孩子並致力於所愛的工作；但母親過世讓她忽然改變了想法，決定投身虔信主義運動，跟著宗教團體過著遠離世俗的生活，於是放棄了婚姻。

梅里安帶著兩個女兒，在一間古堡中過著集體的生活，長達6年。在這個修道團體中，女性的地位與知性是被認可的，但一旦被接納為成員，就必須放棄過去的華服、珠寶及物質奢侈生活，把私人的財產捐出充公，以便心無旁騖地潛心悟道。修行之餘，他們也會學習與創作，因此梅里安得以專注於拉丁文的學習，並在研究描繪花卉與昆蟲之餘，也教導女兒成為畫家。

古堡之外的世界，是充滿世俗活力的17世紀末期。透過貿易、航海與冒險，來自美洲、亞洲的奇珍異品，像是貝殼、化石、動植物標本或古董，被蒐集到歐洲人的眼前，人們以這些收藏品，來展示自己的品味與實力。這樣的風潮，即使在遵守著清規生活的古堡，也很難不受到影響。有一次，梅里安在城堡中收藏珍品的櫥櫃，發現一些異常豔麗的蝴蝶標本，是由城堡主人從南美洲的荷蘭殖民地蘇利南（Suriname）帶回來的，為她未來的蘇利南探險之旅，埋下最早的契機。

1691年夏天，她脫離了團體，帶著領回為數不多私人財產，和兩個女兒一同遷居阿姆斯特丹（Amsterdam）。取回本姓的她，為了不暴露離婚狀態，還聲稱自己是個寡婦，與已經再婚的前夫徹底脫離關係。那6年平靜的修道生活，對於她的人生而言，某種意義上也是一種結蛹的變態過程。經此歷程，她便不再是在中產階級花園中受到保護的小毛蟲，而已經蛻變成可以展翅的蝴蝶，隨心飛向嚮往的遠方了。

前進蘇利南，探索熱帶新大陸

受到在地學者和收藏家熱情歡迎的梅里安，在阿姆斯特丹過了一段活躍的日子。生活在以航海見長的荷蘭，她參觀過許多珍奇昆蟲的標本，卻每每難以感到滿足。因為那些死去的成蟲被安在基座上，固然很好辨識，卻看不出牠其他生命的階段、以什麼食物維生。這燃起了梅里安到牠們棲息的環境中，對真正生活著的昆蟲進行觀察與研究的慾望。

1699年6月，梅里安遷居阿姆斯特丹的第9年，年屆52的梅里安帶著尚未出嫁的小女兒，以自己賣畫籌得的獨立資金，搭船前往蘇利南，展開熱帶的生物研究。在這個南美洲國度生活的2年中，來自歐洲官方及殖民者提供的幫助並不算太多，反而是當地的非洲奴隸與印地安原住民，在研究方面給予極大的協助。仰賴他們，梅里安才可以順利的探索物種豐富得令人眼花撩亂的熱帶大陸。

她們的田野調查不是冷眼旁觀，還會採訪當地人，瞭解人們如何利用植物，作為藥品或當成食物。透過這樣的理解，梅里安強烈反對殖民者一味的在殖民地栽種甘蔗的習慣，橫征暴斂的經濟作物，破壞了在地生態的多元性，更大大影響了居民們的生活。

因為流行病，梅里安的研究之旅比原訂的計畫提早結束。返回阿姆斯特丹後，此趟研究之旅的成果被整理成《蘇利南昆蟲之變態》（Metamorphosis insectorum Surinamensium），於1705年出版。這不僅是梅里安最具代表性的集大成之作，也是博物學繪畫具有開創性的經典。

此書初版共有60件手工著色的銅版畫作品，展現了90種毛蟲、幼蟲和蛆在蛻皮時的顏色和形態變化，以及最終成為蝴蝶、夜蛾、甲蟲、蜂和蠅的變態過程，並且任其悠遊於賴以為生的植物、花朵和果實上。此外，還有她在南美洲發現的蜘蛛、螞蟻、蛇、蜥蜴、蟾蜍和青蛙。後來的新版加入12幅圖，又增添了負子鼠、鱷魚，以及蝌蚪變青蛙的過程等，件件都是傑作。

用藝術的目光，看見自然的盎然生機

　　17、18世紀之交，是歐洲男人們揚起船帆，帶著勃發的雄心去發現世界、佔有世界的年代。作為一名女性，梅里安以不亞於男子的勇氣，而更溫柔包容的方式，探索昆蟲與花卉的自然天地。她讓人們知道，無須從土地掠奪分毫，只要以雙眼專注觀察，並翔實的記錄下所悟所感，就能從植物與昆蟲的小世界裡，發現永不窮盡的宇宙。一花一世界，一葉一菩提。

　　無論你是科學或藝術的愛好者，透過本書你也可以跟隨梅里安的目光，探索那個充滿驚喜的微小宇宙，感受大自然帶來的無限生機與樂趣。拿起色筆，你和梅里安同行的荒野之旅，就要出發了！

文／陳馨儀

花、蝴蝶與昆蟲
銅版繪圖

01
鳳梨與蟑螂
Ananas comosus & Blattella germanica

03
絹毛番荔枝與迪氏喀天蛾
Annona sericea & Cocytius duponchel

05
樸菸草天蛾與亞馬遜樹蚺
Manduca rustica & Corallus hortulanus

09
石榴與大藍閃蝶
Punica granatum & Morpho menelaus

11
雞冠刺桐與阿米達阿嬋天蠶蛾
Erythrina fusca & Arsenura armida

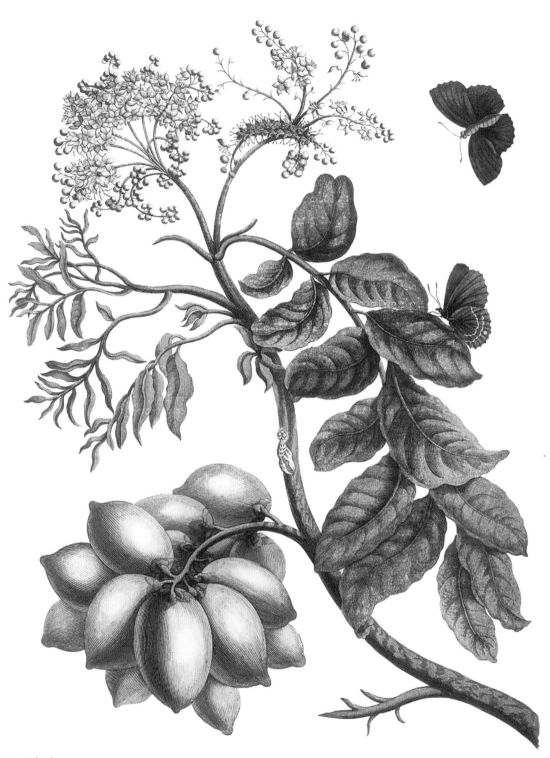

D. Stoopendaal Sculp.

13
黃酸棗與愛貝優蜆蝶
Spondias mombin & Euselasia arbas

15
西瓜與背刺蛾
Citrullus lanatus & Belippa

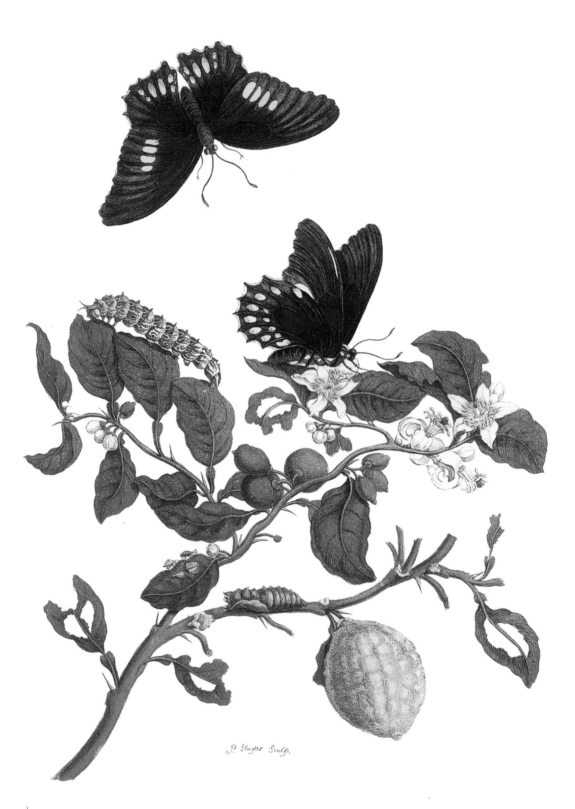

P. Sluyter Sculp.

17
萊姆與擬紅紋鳳蝶

D Sluyter Sculp

21
樟葉西番蓮與幽袖蝶的毛蟲
Passiflora laurifolia & Heliconius hecale

23
香蕉與黃帶貓頭鷹環蝶
Musa paradisiaca & Caligo teucer

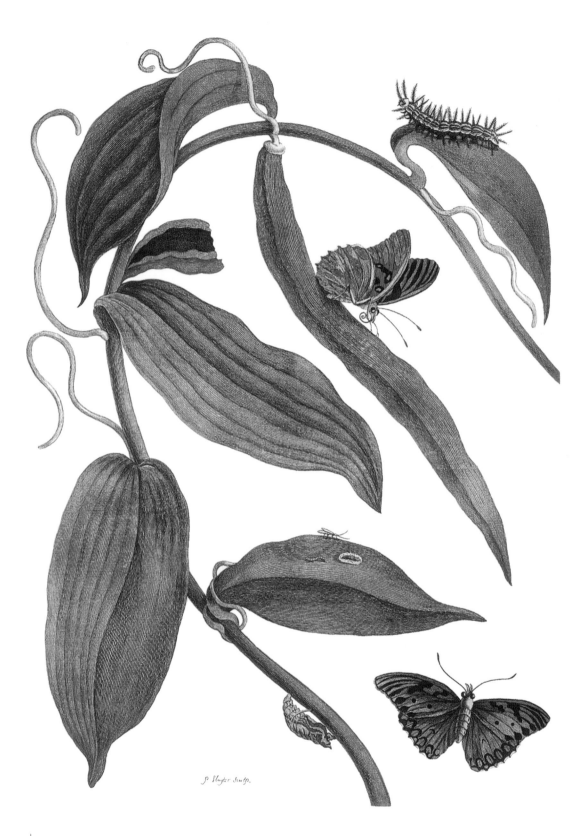

25
香莢蘭與銀紋紅袖蝶
Vanilla planifolia & Agraulis vanillae

29
柚子與綠帶燕鳳蛾
Citrus maxima & Urania leilus

40

31
木芙蓉與安鳳蝶
Hibiscus mutabilis & Papilio androgeus

P. Mumir Sculp.

33
無花果與賽斯帕基利亞天蛾
Ficus carica & Pachylia syces

35
矮灌穆勒豆與黃帶大翅環蝶
Muellera frutescens & Brassolis sophorae

37
秋葵與沙黃腴裳蛾
Abelmoschus esculentus & Zatrephes arenosa

41
艷紅赫蕉與法老帕基緣蝽

Heliconia psittacorum & Pachylis pharaonis

P. Sluyter Sculp.

香葵與歡悅柳尺蛾
Abelmoschus moschatus & Leucula festiva | 53

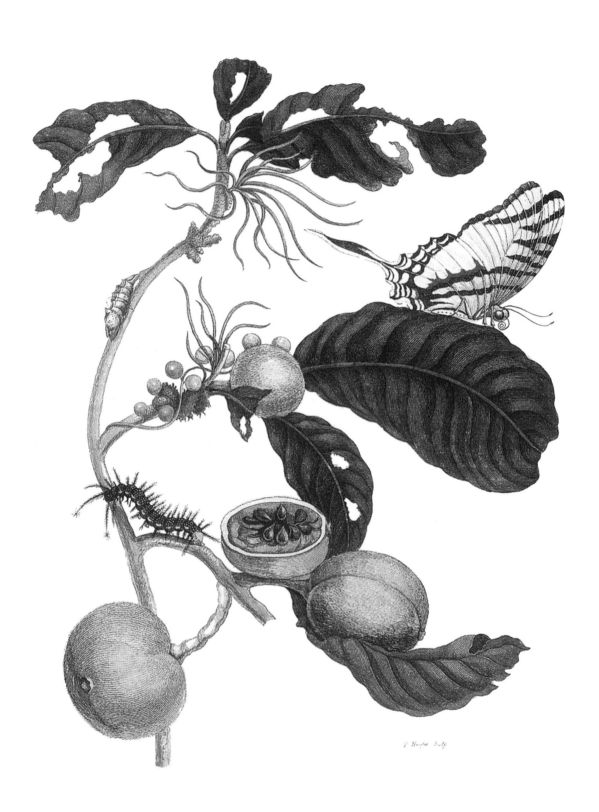

43
埃瑞杜羅茜草與海神闊鳳蝶
Duroia eriopila & Eurytides protesilaus

P. Huser sculp.

素馨花與亞馬遜樹蚺
Jasminum grandiflorum & Corallus hortulanus | 57

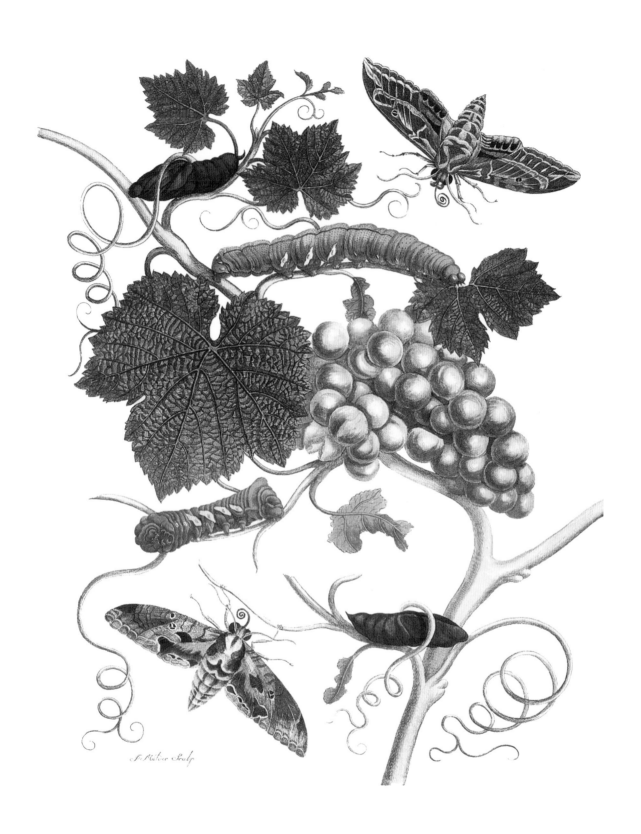

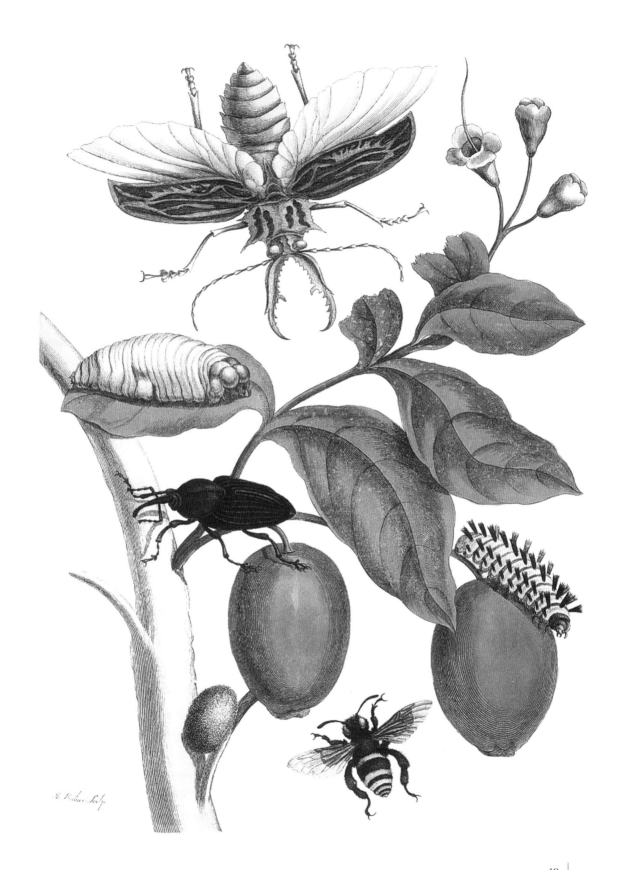

I. Mulder Sculp.

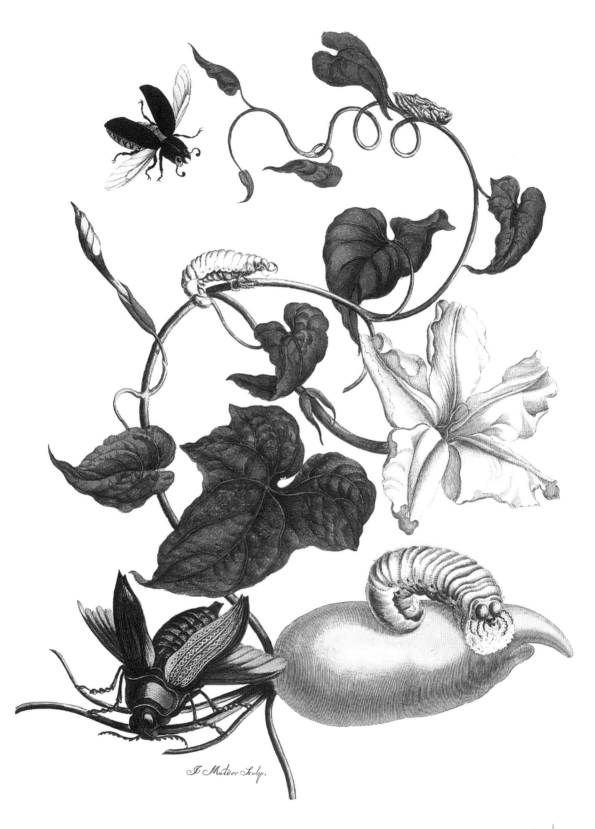

51
印加豆與黃菲粉蝶
| Inga ingoides & Phoebis sennae

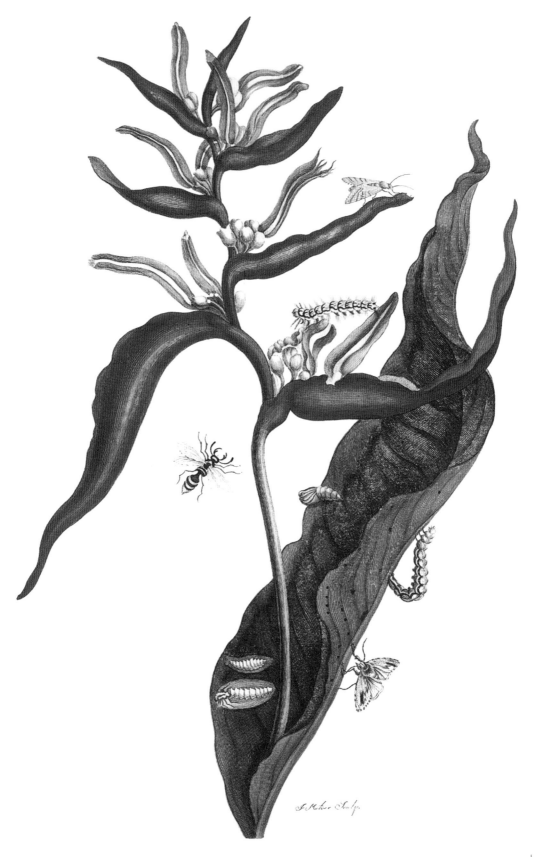

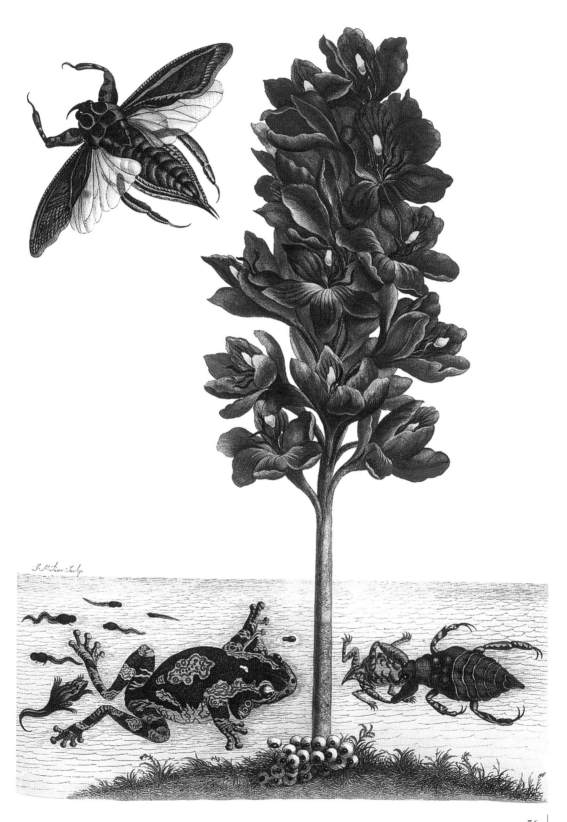

57
番石榴與貓毛蟲
Psidium guajava & Podalia sp.

P. Sluyter sculp.

60
紅珊瑚花與細帶貓頭鷹環蝶
Pachystachys coccinea & Caligo idomeneus | 71

花、蝴蝶與昆蟲
舒壓塗繪卡

02
鳳梨與綠袖蝶
Ananas comosus & Philaethria dido

西印度櫻桃與夢幻閃蝶
Malpighia emarginata & Morpho deidamia

08
紅雞蛋花與蛤蟆蛺蝶
Plumeria rubra & Hamadryas amphinome

09

石榴與大藍閃蝶
Punica granatum & Morpho menelaus

12
香蕉與靶心天蠶蛾
Musa paradisiaca & Automeris liberia

13
黃酸棗與愛貝優蜆蝶
Spondias mombin & Euselasia arbas

23

香蕉與黃帶貓頭鷹環蝶
Musa paradisiaca & Caligo teucer

31
木芙蓉與安鳳蝶
Hibiscus mutabilis & Papilio androgeus

34
釀酒葡萄與華麗優天蛾
Vitis vinifera & Eumorpha labruscae

37
秋葵與沙黃腴裳蛾
Abelmoschus esculentus & Zatrephes arenosa

54
尖苞赫蕉與南部灰翅夜蛾
Heliconia acuminata & Spodoptera eridania